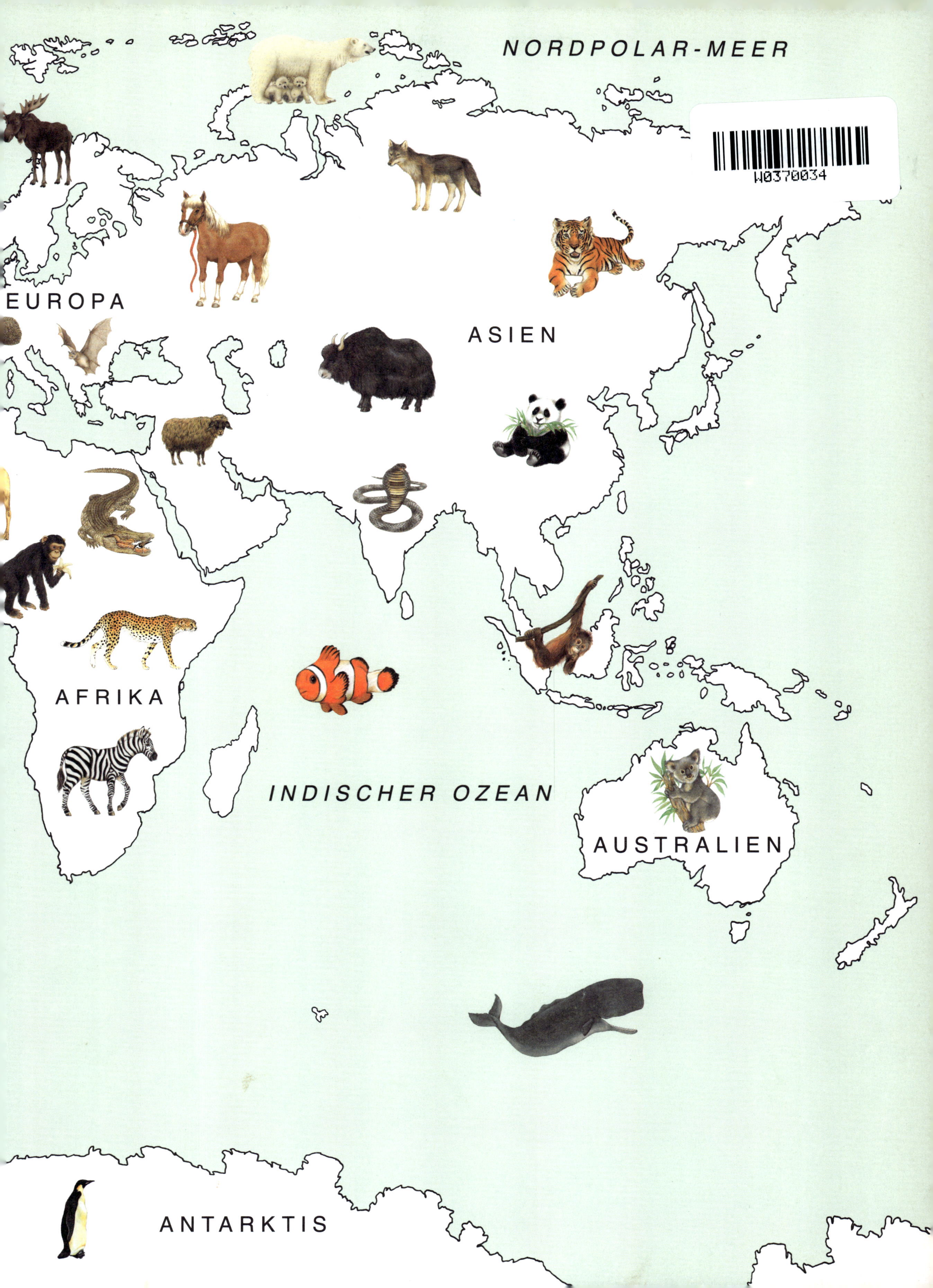
NORDPOLAR-MEER
EUROPA
ASIEN
AFRIKA
INDISCHER OZEAN
AUSTRALIEN
ANTARKTIS

Amrei Fechner

Mein erstes Tierlexikon

von A bis Z

Mit Texten von Claudia Toll

Ravensburger Buchverlag

A

Der Aal

Aale schlüpfen als winzige Fischlein weit draußen im Atlantischen Ozean. Im Lauf von drei Jahren wandern sie von dort aus zu uns in die Flüsse und wachsen zu den schlangenförmigen Fischen heran.

Der Adler

Der Adler kreist hoch über der Erde und hält aufmerksam nach Beute Ausschau. Er fängt sie im Sturzflug mit den kräftigen Füßen. Sein Nest, den Adlerhorst, baut er in Felswände oder auf hohe Bäume.

Der Admiral

Auf der ganzen Welt gibt es viele tausend verschiedene Schmetterlinge. Der prächtige Admiral ist ein Wanderfalter: Am Ende des Sommers fliegen viele dieser Falter über die Alpen in den warmen Süden.

Der Albatros

Die großen Vögel können stundenlang ohne jeden Flügelschlag über das Meer gleiten. Zur Brutzeit kommen Albatrosse für längere Zeit an Land. Dann versammeln sie sich zu tausenden auf Inseln.

Die Ameise

Es gibt über 3.500 verschiedene Ameisenarten auf der Erde. Die Rote Waldameise lebt bei uns. Viele tausend dieser kleinen Tiere schichten aus Tannennadeln und Holzstückchen den Ameisenhügel auf.

Die Amsel

Früher war die Amsel ein scheuer Waldvogel. Jetzt lebt sie häufig in Gärten und Parkanlagen mitten in der Stadt. Dort stochert sie eifrig im Boden auf der Suche nach Würmern und Insekten.

Die Antilope

Herden von Antilopen ziehen in Afrika durch die weiten Graslandschaften. Beim Grasen heben sie oft aufmerksam die Köpfe. Wenn Gefahr droht, fliehen sie sofort auf ihren zarten Beinen mit weiten Sprüngen.

B

Der Bär

Braunbären sind groß und stark, aber scheu. Bis zum Herbst fressen sie sich dick und rund und verschlafen den Winter in einer warmen Höhle. Dort werden die Bärenkinder geboren. Im Frühjahr kommen sie mit der Mutter hinaus.

Der Biber

Mit den kräftigen Nagezähnen fällt der Biber Bäume und errichtet aus den Ästen in Seen und Flüssen seine sichere Wohnburg. Mit Schlamm dichtet er sie ab. Frische Blätter frisst er besonders gern.

Die Biene

Vom Frühjahr an sammeln Bienen aus Blumen Blütenstaub und Nektar. Daraus machen sie ihr Futter, den Honig. Im Bienenstock leben viele tausend Bienen. Von allen ist die Bienenkönigin die Mutter.

Die Blindschleiche

Die Blindschleiche ist eine Eidechse ohne Beine, deshalb sieht sie wie eine Schlange aus. Die kalte Jahreszeit verbringen viele Blindschleichen gemeinsam in Winterstarre in einem Erdloch.

Der Büffel

Büffel sind schwere, kräftige Rinder. Männchen und Weibchen haben weit ausladende Hörner und können sich damit gut wehren. Der Kaffernbüffel aus Afrika hat ein rötliches oder fast schwarzes Fell.

Das Chamäleon

Von Grün zu blassem Braun – so kann ein Chamäleon seine Hautfarbe ändern, je nach Stimmung, Licht oder Wärme.

Diese Echsen bewegen sich langsam, aber Beute fangen sie blitzschnell mit ihrer langen, klebrigen Zunge.

Das Chinchilla

Die in Südamerika wild lebenden Chinchillas wurden wegen ihres samtweichen Fells viel gejagt und sind selten geworden. Diese Nagetiere bleiben am Tag in ihrem Bau. In der Nacht werden sie munter.

Der Clownsfisch

Wie geschminkt sehen sie aus, diese kleinen Riffbarsche. Jeweils ein Paar bewohnt eine See-Anemone. Sie schwimmen dort munter umher und sind wie in einem Dickicht geschützt vor Feinden.

Der Dachs

Mit kräftigen Krallen graben Dachse tiefe Gänge in die Erde. In einem ausgepolsterten Kessel verschläft die ganze Familie den Tag. Nachts sind Dachse immer der Nase nach im Wald auf Futtersuche.

Der Dackel

Der Dackel oder Teckel oder Dachshund ist ein kleiner frecher Jagdhund, der lernen kann, Füchse und Dachse in ihren Bauen aufzuspüren. Es gibt Dackel mit langem, kurzem und rauhaarigem Fell.

Der Delfin

Delfine sind Säugetiere, die wie Fische im Wasser leben. Sie können schwimmen, tauchen und hoch springen. Sie bilden oft Gruppen und jagen gemeinsam Fische. Delfine haben sogar eine Sprache mit hohen Klick- und Pfeiflauten.

D

Der Dinosaurier

Vor vielen Millionen Jahren lebten auf der Erde die Dinosaurier: harmlose Pflanzenfresser, die groß wie Häuser waren, flinke Winzlinge, Raubsaurier mit vielen Zähnen, Saurier mit Panzern oder Stacheln und Flugsaurier. Sie alle sind ausgestorben.

Das Eichhörnchen

Behände klettert dieses Nagetier in den Bäumen. Beim Springen hält es mit dem buschigen Schwanz das Gleichgewicht. Hoch oben zwischen Zweigen baut es sein kugelförmiges Nest, den Kobel.

Die Eidechse

Eidechsen sonnen sich gern auf warmen Steinen. Werden sie verfolgt und am Schwanz gepackt, werfen sie ihn zur Ablenkung ihrer Feinde ab. Er bricht an einer Stelle ab und wächst allmählich wieder nach.

Der Eisbär

Eisbären leben am Nordpol. Sie wandern weite Strecken durch den Schnee und können ausdauernd schwimmen. Eisbärenjunge kommen in einer Schneehöhle zur Welt. Die Mutter wärmt sie. Zwei Jahre lang leben sie mit ihr zusammen.

E

Der Eisvogel

„Fliegender Edelstein“ wird der Eisvogel auch genannt. Er lebt an sauberen Bachläufen und taucht senkrecht ins Wasser, um kleine Fische zu fangen. Seine hohen Pfiffe sind weit zu hören.

Der Elch

Er ist der größte Hirsch der Erde. Das ausladende Schaufelgeweih trägt nur der Elchbulle. Elche leben in sumpfigen Wäldern des Nordens, wo sie Wasserpflanzen, Zweige und Blätter abweiden.

Der Elefant

Elefanten leben in Herden. Mit ihrem Rüssel rupfen sie Grasbüschel und Blätter und führen sie zum Maul. Sie baden gern im Wasser, auch im Schlamm und Staub. So schützen sie ihre Haut vor Insekten. Elefanten werden sechzig bis siebzig Jahre alt.

Die Ente

Stockenten sind bei uns oft zu sehen. Die grau-braune Entenmutter ist beim Brüten gut getarnt. Die Entenküken verlassen das Nest gleich nach dem Schlüpfen, folgen der Mutter überall hin und können sofort schwimmen.

Das Erdmännchen

Die kleinen Schleichkatzen leben in Südafrika in Gruppen. Aufgerichtet beobachten sie stets aufmerksam ihre Umgebung. Bei Gefahr warnt ein Wächter mit einem Pfiff und alle huschen in die Erdbaue.

Der Esel

Esel sind mit den Pferden verwandt. Sie werden geritten, ziehen Wagen und werden zum Tragen von Lasten genutzt. Esel sind geduldig und nur manchmal etwas störrisch. Ihr Schrei klingt wie ein „I-ah“.

F

Der Fasan

Fasane sind Vögel, die fast nur laufen und nicht gern fliegen. Die Hähne haben ein buntes Gefieder. Die Hennen brüten allein die etwa zehn Küken aus und ziehen mit der kleinen Schar umher.

Das Faultier

Im Regenwald Südamerikas lebt das Faultier. Fast sein ganzes Leben hängt es ruhig im Baum. Mit den starken Armen und langen Klauen hält es sich fest. Seine Bewegungen sind sehr langsam.

Der Fischotter

Der Fischotter, der behände Wassermarder, ist ein scheues und bei uns seltenes Tier. Er hat mehrere Verstecke und Baue. Er schwimmt und taucht wendig, jagt Fische und spielt gern im Wasser.

Der Flamingo

Flamingos leben in Scharen an Seen und Flussmündungen. Mit dem Schnabel filtern sie ihre Nahrung, winzige Lebewesen, aus dem Wasser. Ihre Nester aus Schlamm haben je eine Mulde für ein einziges Ei.

Die Fledermaus

Am Abend flattern Fledermäuse durch die Lüfte um Insekten zu fangen. Wenn sie schlafen, hängen sie kopfunter in einer Höhle. Bei uns sind Fledermäuse selten und stehen unter Schutz.

Das Flusspferd

Flusspferde können schwimmen und gut tauchen. Tagsüber halten sie sich im flachen Wasser in Ufernähe auf. In der Nacht wandern sie im Rudel an Land und weiden Grünpflanzen ab.

Der Frosch

Frösche schlüpfen als Kaulquappen aus den Eiern, dem Laich. Die meisten Frösche leben im Wasser. Der Laubfrosch lebt im Schilf oder Wald. Er ist bei uns der kleinste Frosch und quakt am lautesten.

Der Fuchs

Der Rotfuchs ist ein scheuer, vorsichtiger Wildhund. Ist er hungrig, wagt er sich sogar bis an den Stadtrand vor. Im Winter wird sein Fell dunkler und dichter und sein Schwanz ganz buschig.

G

Die Gämse

Sicher und schnell klettern und springen die Gämsen bergauf und bergab, über Felsen und Schnee. Selbst den flinken Kitzen ist kein Weg zu steil. Geißen und Jungtiere bilden gemeinsame Rudel.

Die Gans

Im Sommer brüten die Gänse in nördlichen Ländern. Im Herbst fliegen sie in Schwärmen in wärmere Gegenden. Gänsepaare bleiben ihr Leben lang zusammen und ziehen gemeinsam die Küken auf.

Der Geier

Mit scharfem Blick ziehen Geier am Himmel ihre Kreise. Wenn sie ein totes Tier erspähen, fliegen sie in Scharen heran um es zu fressen. Daher kommt ihr Name „Aasgeier“. Gänsegeier leben im Gebirge.

Der Gepard

Die Großkatze mit dem lang gestreckten Körper und den hohen Beinen ist das schnellste Säugetier. Der Gepard rast auf kurzen Strecken mit einer Geschwindigkeit von 100 Kilometern pro Stunde.

Die Giraffe

Die über fünf Meter hohen Tiere ziehen durch die Steppen Afrikas und rupfen die Blätter von den höchsten Bäumen. Wird ein Kalb geboren, fällt es aus zwei Meter Höhe auf den Boden. Unverletzt steht es bald auf und wandert in der Herde mit.

G

Das Gnu

In riesigen Herden ziehen diese Antilopen im Lauf des Jahres den Regenfällen nach, immer auf der Suche nach frischem Gras und Wasser. Nur in der größten Hitze des Tages ruhen Gnus sich stehend aus.

Der Goldfisch

Alle Goldfische wurden schon vor langer Zeit aus grünlich silbrigen Karpfenfischen in China gezüchtet. Es gibt weiße bis dunkelrote, gefleckte Goldfische und rundliche mit Schleierschwanz

Der Gorilla

Er ist der größte Menschenaffe, ein kräftiges, friedfertiges Tier, das nur Pflanzen frisst. Gorillas leben in kleinen Gruppen zusammen, geleitet von einem erfahrenen Männchen, dem „Silberrücken“. Die Kinder werden von allen gut behütet.

Der Hai

Haie sind schnelle Raubfische, die ein scharfes Gebiss mit mehreren Zahnreihen haben. Es gibt viele verschiedene zum Teil gefährliche, aber auch ganz harmlose Arten, vom riesigen Walhai bis zum kleinen Katzenhai.

Der Hamster

Hamster sind Einzelgänger, die am Tag schlafen und nachts Futter suchen. Sie tragen es als Vorrat in ihren Backentaschen in den unterirdischen Bau. Der kleine Goldhamster stammt aus der Wüste.

Der Hase

Hasen fressen gerne zarte Gräser und Kräuter. Sie sind immer wachsam und können mit ihren langen, beweglichen Ohren gut hören. Werden sie verfolgt, rasen sie davon und schlagen Haken.

H

Das Hermelin

Das Hermelin oder Wiesel ist gut getarnt: Im Sommer hat es ein braunes, im Winter ein schneeweißes Fell. Nur der Bauch bleibt immer weiß und die Schwanzspitze schwarz. Das Wiesel huscht flink, sieht sich oft um und macht dabei Männchen.

Die Heuschrecke

Im Sommer ist ihr hohes Zirpen auf Wiesen und im Gebüsch zu hören. Die Männchen der Laubheuschrecke erzeugen die Töne durch Aneinanderreiben der Flügel. Bei Gefahr springen sie sofort weit davon.

Der Hirsch

Der Rothirsch ist bei uns das größte Wildtier. Nur das Männchen trägt ein Geweih, das es einmal im Jahr abwirft. Dann wächst ihm ein neues. Die Hirschkuh bekommt im Frühjahr ein Kälbchen.

Das Huhn

Frei lebende Haushühner suchen auf dem Boden scharrend und kratzend nach Futter. Hennen ziehen nur noch selten mit einer Schar flaumiger, piepsender Küken umher. Denn meistens werden Hühner heute in Käfigen gehalten.

Die Hummel

Jedes Frühjahr gründet eine Hummelkönigin ihren neuen Staat. Sie baut Zellen aus Wachs für ihre Eier. Erdhummeln haben ihr Nest in einem Loch im Boden. Auch Hummeln stechen – aber selten.

Die Hyäne

Hyänen leben im Rudel. Am Tag bleiben sie in ihren Bauen, nachts gehen sie auf Jagd. In der Dunkelheit heulen, bellen und keckern sie auffällig. Die große Fleckenhyäne kommt im Süden Afrikas vor.

IJ

Der Igel

Auf dem Rücken hat der Igel tausende von Stacheln, am Bauch ein weiches Fell. Bei Gefahr rollt er sich zur pieksenden Kugel zusammen. Während der kalten Monate hält er Winterschlaf in seinem Nest.

Der Iltis

Den Tag verschläft der Ratz, wie der Iltis auch genannt wird, im Bau. Nachts jagt er kleine Nagetiere, Vögel und Frösche. Gegen Feinde wehren sich Iltisse, indem sie eine stinkende Flüssigkeit verspritzen.

Der Jaguar

Der Jaguar mit dem gefleckten Fell ist die größte Katze Amerikas. Auf leisen Pfoten schleicht er an seine Beute heran. Er jagt große Tiere und manchmal nur Mäuse. Er klettert gewandt, kann gut schwimmen und fängt auch Fische.

Das Känguru

Kängurus haben einen Beutel am Bauch. Darin trägt und säugt die Mutter ihr Junges. Kängurus kommen nur in Australien vor. Das größte ist mit zwei Metern Länge das Rote Riesenkänguru. Es springt zehn Meter weit und drei Meter hoch.

K

Das Kamel

Dromedar heißt das einhöckrige Kamel aus Nordafrika. Das Haustier wird geritten und trägt Lasten. Es kann viel trinken, kommt dann lange ohne Wasser aus und läuft ausdauernd durch die Wüste.

Die Katze

Katzen werden schon lange als Haustiere gehalten. Sie lassen sich gern streicheln und sind doch eigenwillig. Nachts gehen sie oft auf Jagd, sie können ausgezeichnet hören und auch im Dunklen gut sehen.

Der Koala

Der Koala lebt in Australien. Er klettert auf Eukalyptusbäumen und frisst nichts anderes als deren Blätter. Das Koalababy wächst im Beutel der Mutter heran. Wird es größer, trägt sie es auf dem Rücken.

Die Kobra

Die Königskobra oder Brillenschlange aus Asien ist die größte Giftschlange. Wenn sie ihren Körper aufrichtet und den Hals aufbläht, ist eine brillenähnliche Zeichnung hinter dem Kopf zu sehen.

Der Kolibri

Kolibris sind die kleinsten Vögel der Welt. Sie sind die einzigen Vögel, die rückwärts fliegen können. Im Flug saugen sie mit ihren langen, schmalen Schnäbeln Nektar aus Blüten. Alle Kolibris leben in Amerika.

Die Krähe

Krähen gehören zu den Singvögeln: Ihr Gesang ist aber eher ein Krächzen und Quarren. Sie haben einen kräftigen Schnabel und sind Allesfresser. Oft fliegen sie in großen Scharen auf Futtersuche aus.

Der Kranich

Die prachtvollen Vögel tanzen zusammen, wenn sie ein Paar werden. Dann breiten sie ihre Flügel aus, hüpfen in die Höhe, verbeugen sich voreinander und machen auf den langen Beinen Sprünge zur Seite.

Das Krokodil

Krokodile sind die größten Kriechtiere der Erde. Tagsüber liegen sie träge am Ufer. Die Nächte verbringen sie im Wasser. Manche Krokodile lassen sich von kleinen Vögeln die Zähne putzen.

K

Die Kröte

Jedes Frühjahr wandern Erdkröten in Massen zu Gewässern, um zu laichen. Damit sie nicht überfahren werden, wenn sie Straßen überqueren, helfen ihnen oft Naturschützer und tragen sie hinüber.

Der Kuckuck

Der Kuckuck ist ein scheuer Waldvogel. Zu hören ist er oft, aber selten zu sehen. Das Weibchen legt seine Eier heimlich in fremde Nester. Die neuen Vogeleltern füttern den jungen Kuckuck unermüdlich.

Die Kuh

Die Milchkühe werden zweimal am Tag gemolken. Den Sommer verbringen sie gern in der Herde auf der grünen Weide. Sie rupfen mit ihrer rauen Zunge Gras. Am bekanntesten sind die Kühe mit schwarzweißem oder braunweißem Fell.

Das Lama

Lamas sind schon seit langer Zeit Haustiere in Südamerika. Gegen Kälte sind diese Kleinkamele mit ihrem dichten Wollkleid gut geschützt. Wenn Lamas geärgert werden, spucken sie.

Der Leopard

Leoparden oder Panther sind von allen Großkatzen die geschicktesten Kletterer. In einem Satz springen sie vom Boden auf einen Baum und schleppen ihre Beute hinauf, um sie dort zu fressen.

Die Libelle

Diese Insekten mit den durchsichtigen Flügeln sind wendige, schnelle Flieger. Sie können im Flug auf der Stelle verharren. Einige haben schillernde Körper. Libellen leben an Seen, Teichen und Tümpeln.

Der Luchs

Auf den hohen Beinen schleichen diese Großkatzen geräuschlos durch das Unterholz. Luchse sind scheue Einzelgänger. Sie leben in tiefen, dichten Wäldern, in denen sie sich gut verstecken können.

Der Löwe

Die prächtige Mähne hat nur das Löwenmännchen. Löwinnen sind kleiner, leichter und gewandter. Sie sind es vor allem, die gemeinsam jagen und das Rudel mit Fressen versorgen. Tagsüber liegen Löwen oft träge im Steppengras.

Der Maikäfer

Der Marienkäfer

Wenn die Käfer fliegen, klappen sie ihre Deckflügel zur Seite. Die sind beim Maikäfer glänzend braun. Von den vielen Marienkäfern ist der rote Siebenpunkt am häufigsten.

Die Maus

Feldmäuse leben in Kolonien. Auf Feldern und Äckern legen sie ihren unterirdischen Bau mit vielen Gängen und einer Vorratskammer an. Mehrmals im Jahr können die Weibchen bis zu zwölf Junge bekommen.

Der Maulwurf

Der Maulwurf mit seinem kurzen weichen Fell gräbt mit den schaufelförmig breiten Pfoten Gänge in die Erde und schüttet Hügel auf. Er kann nicht gut sehen, aber ausgezeichnet riechen und tasten.

Das Meerschweinchen

In Südamerika leben noch wilde Meerschweinchen. Dort wurden sie schon vor langer Zeit als Nutztiere gezüchtet.
Sie sind zutraulich, doch auch schreckhaft und brauchen behutsame Pflege.

Die Meise

Die munteren Singvögel turnen geschickt im Geäst, auch mal kopfunter, wenn sie Futter suchen. Sie fressen Insekten und Samen. Die Kohlmeise ist bei uns am häufigsten. Sie brütet in kleinen Höhlen.

Die Möwe

Diese Schwimmvögel mit den langen Flügeln leben an den Meeresküsten und an großen Seen. Sie können auf hohen Wellen schwimmen und selbst bei starkem Sturm gewandt fliegen.

Das Murmeltier

Ab Oktober halten Murmeltiere Winterschlaf, erst im Mai kommen sie wieder aus dem Bau. Im Sommer frisst die ganze Kolonie auf den Bergwiesen Gräser und Kräuter. Die Jungen toben herum.

Die Muschel

In zwei harten Schalenhälften lebt die Muschel: So wird der weiche Tierkörper geschützt. Im Wasser verankern sich Muscheln oft auf festem Grund, manche wandern, andere können schwimmen.

Der Nasenbär

Die munteren geselligen Kleinbären stellen den geringelten Schwanz beim Laufen auf. Mit der langen, beweglichen Nase finden sie schnüffelnd ihre Nahrung – viele Insekten und Früchte.

Die Nachtigall

Den Sommer verbringt die Nachtigall bei uns. Im Winter zieht sie nach Afrika. Der unscheinbar braune Vogel versteckt sich im Gebüsch. Nur sein schöner Gesang verrät ihn in der Nacht und auch am Tag.

Das Nashorn

Nashörner leben in Afrika und Asien. Die großen, schweren Tiere haben eine dicke Haut. Mit ihrem Horn setzen sie sich gut zur Wehr. Sie gehören zu den bedrohtesten Tieren auf der Erde, weil sie gnadenlos wegen ihres Horns gejagt werden.

Der Orang-Utan

„Waldmensch" bedeutet der Name dieses Menschenaffen. Orang-Utans leben fast nur auf Bäumen. Mit den langen Armen hangeln sie sich durch die Baumkronen und pflücken Früchte und Blätter.

Der Ozelot

Ozelote sind zwar kleine, aber kräftige Katzen. Sie haben ein schön geflecktes Fell und wurden deswegen lange gejagt. Heute sind sie geschützt. Ozelote leben verborgen in den Wäldern Amerikas.

Der Panda

Der Große Panda oder Bambusbär lebt in den bergigen, nebligen Wäldern Chinas. Er frisst nur Bambussprossen und hält die Zweige mit den Pfoten. Er ist eines der bedrohtesten Tiere der Erde.

Der Papagei

Die Vögel mit dem farbenprächtigen Gefieder leben in lärmenden Schwärmen. Beim Fressen halten sie Früchte mit den Krallen fest und führen sie zum Schnabel. Sie knacken auch harte Nüsse.

Der Pavian

Die quirligen Affen bewohnen in Horden die Graslandschaften Afrikas. Besonders die Männchen mit den starken Eckzähnen sind sehr wehrhaft. Die Kinder werden von allen Erwachsenen gut umsorgt.

Der Pelikan

Die großen Wasservögel fangen Fische wie mit einem Netz: Sie tauchen den geöffneten Schnabel mit dem dehnbaren Kehlsack ganz ins Wasser. Mit den breiten Ruderfüßen schwimmen sie kraftvoll.

Der Pfau

Die Schwanzfedern des Pfauenhahns haben blaugrün schillernde Augenflecken und können eineinhalb Meter lang sein. Er stellt sie zu einem Rad auf, wenn er eine Pfauenhenne beeindrucken will.

Das Pferd

Früher gab es fast nur Arbeitspferde, heute wird mit Pferden vor allem Reitsport betrieben. Vom kleinsten Pony bis zum großen Kaltblutpferd sind viele verschiedene Rassen gezüchtet worden.

P

Der Pinguin

Die aufrecht stehenden Vögel können nicht fliegen und an Land watscheln sie unbeholfen, aber Pinguine sind schnelle Schwimmer. Der größte ist der Kaiserpinguin. Die Männchen brüten zwei Monate lang in der Eiseskälte des Südpols.

Die Qualle

Mit dem durchscheinenden Schirm und den langen Fangfäden schwebt dieses Tier im Wasser. Quallen leben meist im Meer.

Einige haben nesselnde Fäden, die stark brennen. Damit betäuben die Quallen ihre kleinen Beutetiere.

Der Rabe

Dies ist ein Kolkrabe mit schwarzem, bläulich schimmernden Gefieder, der bei uns selten ist. Er hat einen kräftigen Schnabel und ist ein Allesfresser. Kolkraben sind die größten Singvögel der Erde.

Die Ratte

Dieses Nagetier ist die größte Maus. Ratten sind vor allem nachts unterwegs. Sie sind klug und vorsichtig und gehen so vielen Gefahren aus dem Weg. Fast überall verbreitet ist die Wanderratte.

R

Das Reh

Rehe leben im Wald und in der offenen Feldflur. Bei Gefahr flüchten sie schnell. Die Rehgeiß bringt im Mai oder Juni ein oder zwei Kitze zur Welt. Mit ihrem getupften Fell sind die Kleinen gut getarnt und können allein im Versteck bleiben.

Der Regenwurm

Der Regenwurm bohrt Gänge in die Erde und lockert so den Boden auf. Er frisst Pflanzenabfälle. Nachts oder bei starkem Regen kommt er manchmal an die Oberfläche.

Die Robbe

An Land bewegen sich die Robben plump. Auf die Vorderflossen gestützt robben sie auf dem Bauch. Doch im Wasser sind sie schnell und jagen geschickt Fische und andere Meerestiere.

Das Schaf

Aus dem dicken Fell der Schafe wird Wolle gemacht. Schafe sind in vielen Ländern Haustiere. Manchmal ziehen sie bei uns noch in Herden umher, gehütet vom Schäfer und seinem Hund.

Die Schildkröte

Landschildkröten sind an ihrem stark gewölbten Panzer zu erkennen. Bei Gefahr ziehen sie sich darin zurück. Sie sind langsame Tiere, die es schon seit vielen Millionen Jahren auf der Erde gibt.

Der Schimpanse

Die Menschenaffen bewohnen in Horden die Wälder Afrikas. Sie sind geschickt und erfinderisch: Sie benutzen zum Beispiel Steine als Werkzeug zum Nüsseknacken. Am Abend bauen sie sich Schlafnester.

Die Schnecke

Auf dem breiten Fuß kriechen diese Weichtiere langsam und stetig, auch über Hindernisse hinweg. Wenn ihre Fühler berührt werden, ziehen sich Gehäuseschnecken ganz in ihr Haus zurück.

Der Schwan

Die langhalsigen Wasservögel wirken elegant, wenn sie über einen See gleiten. Der Höckerschwan kommt bei uns häufig vor. Die jungen Schwäne haben noch ein graues Gefieder. Erst in ihrem zweiten Lebensjahr wird es strahlend weiß.

Das Schwein

Die Hausschweine wühlen gern im Boden und suhlen sich im Schlamm – genau wie ihre Vorfahren, die Wildschweine mit dem dunklen Fell.
Die meisten Schweine leben im Stall.

Das Seepferdchen

Das Seepferdchen ist ein kleiner Fisch, der aufrecht schwimmt. Mit dem Schwanz umgreift es Wasserpflanzen und hält sich fest. Seine Jungen wachsen in einem Brutbeutel am Bauch des Männchens heran.

Der Seestern

Die meisten Seesterne haben fünf Arme mit kleinen Saugfüßchen. Seesterne fangen Muscheln und Schnecken und öffnen deren Schalen. Ihren Mund haben sie an der Unterseite ihres Körpers.

Der Skorpion

Skorpione leben meist in warmen Ländern. Sie haben acht Beine und gehören zu den Spinnentieren. Mit ihren Zangen erbeuten sie Insekten, die sie mit ihrem Giftstachel am Schwanzende betäuben können.

Der Spatz

Spatzen oder Sperlinge sind lebhafte, gesellige Singvögel. Die Spatzenpaare bauen ihr Nest gemeinsam, geschützt in Höhlen oder Mauerritzen. Hausspatzen fühlen sich auch in Städten wohl.

Der Specht

Mit ihrem starken Schnabel meißeln Spechte tiefe Bruthöhlen in Baumstämme. In der Rinde und im morschen Holz suchen sie nach Futter. Ihr Hämmern und Klopfen ist laut im Wald zu hören.

S

Die Spinne

Einige Spinnen weben Netze aus den allerfeinsten Fäden. Sie wohnen darin und sie fangen damit kleine Insekten. Spinnen sind meist giftig, für den Menschen sind jedoch nur wenige gefährlich.

Der Storch

Ihr großes Nest bauen die Storchenpaare auf Bäume oder Dächer. Zur Begrüßung klappern sie mit dem Schnabel. Im Herbst ziehen die Eltern mit den Jungen nach Afrika, um dort zu überwintern.

Das Stinktier

Die schwarzweißen Tiere sind nachts unterwegs. Bei Gefahr stellen sie warnend den Schwanz auf. Als letzte Rettung vor Feinden verspritzen Stinktiere eine ätzende, übel riechende Flüssigkeit.

Der Strauß

Die größten und schwersten Vögel der Erde können nicht fliegen. Aber dafür laufen sie schnell und ausdauernd auf den hohen Beinen. Strauße leben oft in Gruppen und legen ihre Eier in ein gemeinsames Nest.

Der Steinbock

Leichtfüßig und kraftvoll springen diese Wildziegen über steilste Felswände im Gebirge. Böcke haben gebogene Hörner, die bis zu ein Meter lang sein können. Die der Geißen sind viel kürzer. Den Kitzen wachsen die Hörner mit drei Monaten.

T

Der Tapir

Mit der langen Rüsselschnauze weiden Tapire Blätter und Knospen ab. Sie können gut schwimmen und sogar tauchen. Der größte Tapir ist der Schabrackentapir, der in Südostasien lebt.

Der Tiger

Tiger sind kraftvolle Katzen, die größten der Erde. Besonders selten ist der geschützte Sibirische Tiger. Nachts streift dieser Einzelgänger durch sein großes Revier und schleicht sich lautlos an seine Beute an.

Die Taube

Tauben sind fast über die ganze Welt verbreitet. Sie fliegen schnell und gewandt. Brieftauben finden auch aus weiter Entfernung wieder in ihren heimatlichen Taubenschlag zurück.

Der Tintenfisch

Dieser achtarmige Krake ist kein Fisch, sondern ein Weichtier. Tintenfische können bei Gefahr plötzlich davonschießen. Oder sie stoßen eine Tintenwolke aus und bringen sich schnell in Sicherheit.

Der Uhu

Der Uhu ist die größte Eule. In der Dämmerung und nachts fliegt er geräuschlos auf Mäusejagd. Uhupaare bleiben ihr Leben lang zusammen und ziehen einmal im Jahr Junge auf. Im Wald sind manchmal die dunklen „U-hu"-Rufe zu hören.

Der Vielfraß

Der Vielfraß aus dem hohen Norden wird auch Järv oder Bärenmarder genannt. Er frisst, was ihm vor die Schnauze kommt, und ihm schmeckt Vieles. In seinem Revier streift er nachts umher, er trottet auf breiten Sohlen und hat scharfe Krallen.

W

Der Wal

Wale, die größten Tiere der Erde, gehören zu den bedrohtesten Arten. Sie sind Säugetiere: Die Mutter pumpt dem Jungen unter Wasser Milch ins Maul. Beim Schwimmen bewegen Wale die Fluke, ihre mächtige Schwanzflosse, auf und ab.

Das Walross

Im Wasser schwimmen diese massigen Robben gewandt und sie können sehr tief tauchen. Sie sammeln sich in großen Herden an den Küsten des Nordpolarmeeres und liegen dicht an dicht auf den Felsen.

Der Waschbär

Am flachen Ufer von Gewässern sucht der Waschbär nach kleinen Tieren und auch Pflanzen. Er tastet mit seinen Pfoten unter Steinen und wühlt im Sand. Das sieht so aus, als würde er sein Futter waschen.

Der Weberknecht

Diese Spinnentiere bewegen sich auf ihren acht langen Beinen vorsichtig tastend. Weberknechte verlieren leicht ein Bein, wenn es berührt wird. Weberknechte sind über die ganze Welt verbreitet.

Die Wespe

Wespen bauen Nester aus einem leichten, papierähnlichen Material. Wespen können stechen. Das Gift lähmt ihre Beute: kleine Insekten und Spinnen. Wespen fressen auch gerne süße Früchte.

Der Wellensittich

In ihrer Heimat Australien leben die kleinen Sittiche in großen Schwärmen auf Bäumen. Sie haben ein grünliches Gefieder. Als Heimtiere werden viele prächtig gefärbte Wellensittiche gezüchtet.

Der Wolf

Die scheuen Wölfe leben im Rudel. Sie verständigen sich durch Bewegung von Ohren, Schwanz und Schnauze. Wölfe heulen gemeinsam. Sie sind die wilden Vorfahren unserer Haushunde.

X

Das X-Tier

Wer kennt dieses Tier? Wann wurde es entdeckt? Wo wurde es beobachtet? Lebt es zurückgezogen? Wie sehen seine Jungen aus? Es gibt noch viele andere X-Tiere, und alle sehen völlig unterschiedlich aus. Hast du Lust, dein Fantasietier zu malen?

Der Yak

Die langhaarigen Rinder sind in den kalten, gebirgigen Gebieten Asiens Haustiere. Sie geben Wolle und Milch, ziehen Lasten und werden sogar geritten. Wilde Yaks leben hoch oben in den Bergen.

Der Zaunkönig

Der Zaunkönig gehört mit zu den kleinsten Vögeln. Er fällt kaum auf, wenn er am Boden huschend nach Nahrung sucht. Im Unterschied zu anderen Vögeln singt der Zaunkönig auch im Winter.

Das Zebra

Die Wildpferde mit der Stehmähne ziehen in Gruppen durch die afrikanische Steppe. Wenn sie flüchten, galoppieren sie sehr schnell. Das Fell jedes Zebras hat ein unverwechselbares Streifenmuster.

Die Ziege

Ziegen sind als Haustiere weit verbreitet, sie werden sehr zutraulich. Es gibt viele verschiedene Rassen – weiße, braune, schwarze, gescheckte, langhaarige. Alle Ziegen können gut klettern und springen.

Welches Tier kennst du hier?

A . . . .

G . . .

B . . . .

I . . .

H . . .

L . . . . . .

C . . . .

J . . . . .

D . . . . .

M . . . .

E . . . .

F . . . . .

K . . . .

N . . . . . .

W . . . .

U . .

O . . . . -U . . .

Y . .

P . . . .

X-T . . .

R . . . .

S . . . .

V . . . .

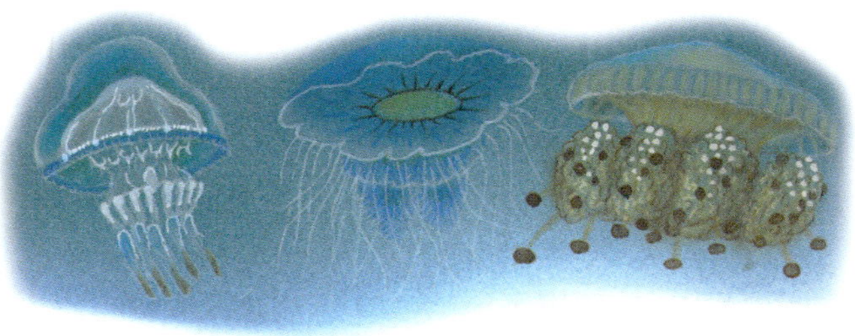

Q . . . . .

T . . . .

Z . . . .

Register

Die Deutsche Bibliothek – CIP-Einheitsaufnahme

Mein erstes Tierlexikon von A bis Z / Amrei Fechner.
Mit Texten von Claudia Toll.
[Red.: Silke Arnold ; Karin Amann]. –
Ravensburg :
Ravensburger Buchverl., 1999
ISBN 3-473-33287-9

Die Schreibweise entspricht den Regeln der neuen Rechtschreibung.

4 3 2 1 02 01 00 99

Illustrationen: Amrei Fechner · Text: Claudia Toll
Redaktion: Silke Arnold, Karin Amann
Printed in Germany · ISBN 3-473-33287-9

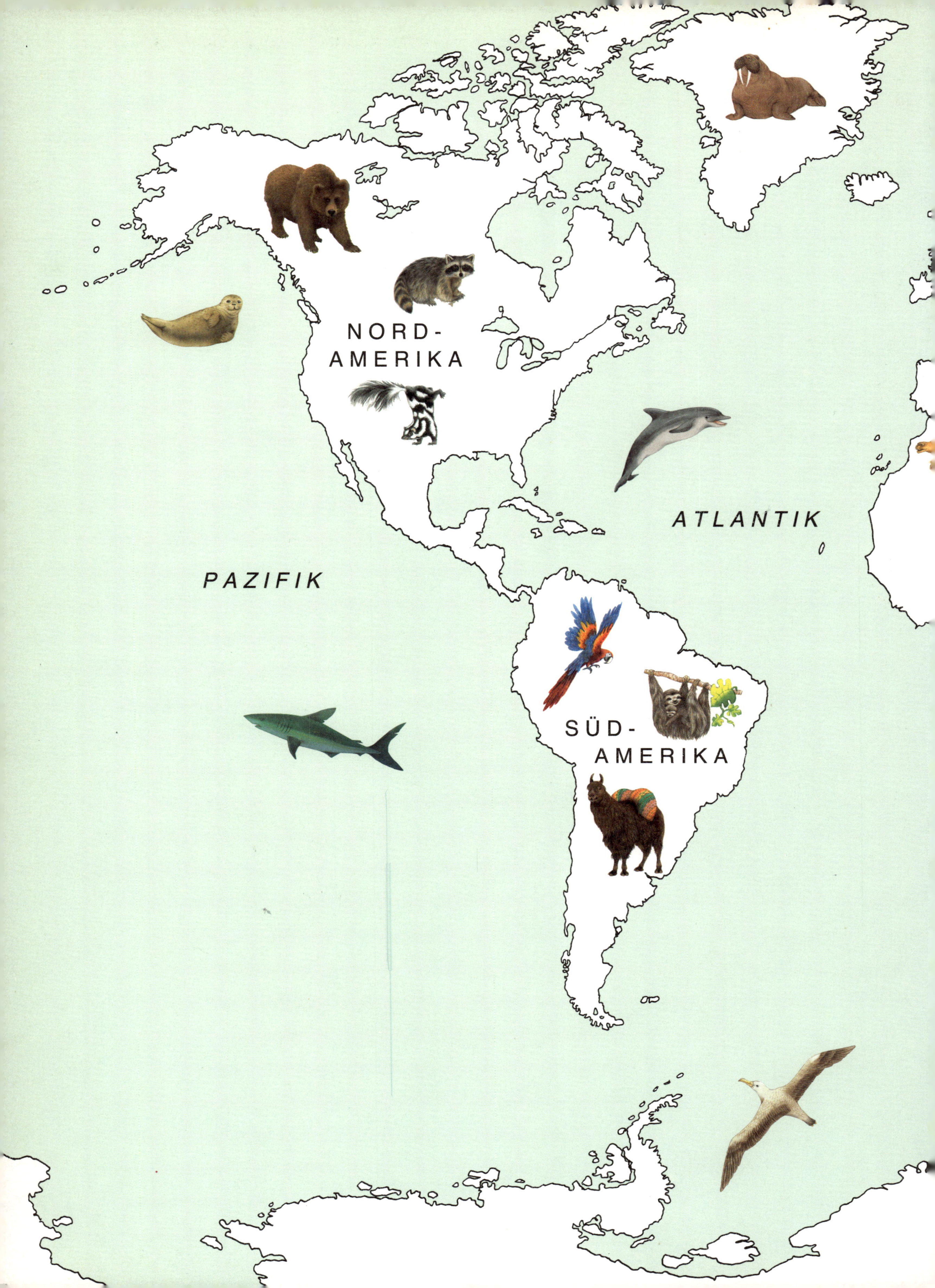
NORD-
AMERIKA
ATLANTIK
PAZIFIK
SÜD-
AMERIKA